植物营养研究方法
实习指导及习题

主编　赵建荣　周　毅　李孝良　邹长明

合肥工業大學出版社

图书在版编目(CIP)数据

植物营养研究方法实习指导及习题/赵建荣等主编. --合肥:合肥工业大学出版社,2025.2. -- ISBN 978-7-5650-7183-6

Ⅰ.Q945.1-33

中国国家版本馆 CIP 数据核字第 2025N5X484 号

植物营养研究方法实习指导及习题

ZHIWU YINGYANG YANJIU FANGFA SHIXI ZHIDAO JI XITI

主编 赵建荣 周 毅 李孝良 邹长明　　　责任编辑 张择瑞

出 版	合肥工业大学出版社	**版 次**	2025 年 2 月第 1 版
地 址	合肥市屯溪路 193 号	**印 次**	2025 年 2 月第 1 次印刷
邮 编	230009	**开 本**	710 毫米×1010 毫米 1/16
电 话	理工图书出版中心:0551-62903204	**印 张**	3.75
	营销与储运管理中心:0551-62903198	**字 数**	47 千字
网 址	press.hfut.edu.cn	**印 刷**	安徽联众印刷有限公司
E-mail	hfutpress@163.com	**发 行**	全国新华书店

ISBN 978-7-5650-7183-6　　　定价:12.00 元

前　言

植物营养学是现代农业科学的重要分支，其核心在于揭示植物与环境之间的物质交换规律及调控机制。随着我国农业现代化的快速推进，培养兼具理论素养与实践能力的复合型人才成为高等教育的重要任务。然而，现有教材普遍存在重理论轻实践、重知识传授轻能力培养的问题，尤其缺乏系统整合实验操作、数据分析和综合应用的指导性材料。部分学生在科研实践中常因实验设计不严谨、技术操作不规范或数据分析能力不足而影响研究质量。为此，本书基于编者团队十余年的教学改革经验，结合国内外学科前沿进展，系统梳理了植物营养研究的核心方法体系，旨在架起理论教学与科研实践的桥梁，助力学生实现从知识积累到能力提升的跨越。

全书分为上篇和下篇，包括两大模块内容，形成“实习指导-精选习题”的立体化训练体系。上篇为实习指导，聚焦植物营养实习研究方法论，包括四个实习内容，涵盖实验设计原理、常用仪器操作规范及误差控制策略；下篇为精选习题，配套由中国农业大学出版社出版、毛达如主编的《植物营养研究方法》，共分为七章内容，包含了植物营养学基本研究方法习题及运用数理统计方法去解决植物营养领域相关问题的习题。

本书主要服务于农业资源与环境、植物科学类专业的本科生及研究生，可作为“植物营养研究法”“高级植物营养学”等课程的配套教材。对青年教师而言，书中模块化设计的实验方案可直接转化为教学案例，习题库支持个性化考核方案制定；科研工作者可通过技术流程图解和典型问题解析提升实验效率。

本书编写团队由安徽科技学院资源与环境专业教师组成，主编具有15年以上一线教学经验并主持多项科研项目。实习篇，实习一和实习二由赵建荣编写；实习三、实习四由李孝良编写；习题篇，第一、二章由赵建荣编写；第三、四、五章由周毅编写；第六、七章由邹长明编写。在编写过程中，经过教学试用和专家论证，确保内容的科学性与实用性。

限于编者水平，书中难免存在疏漏，恳请广大师生不吝指正，共同推动植物营养学科教学体系的持续优化。

编 者

2025年2月

目　　录

实　　习

实习一　实习的准备工作

一、制订实习计划

(一)明确实习任务

明确本课程的实习任务,可避免学生盲目开展实习,为实习工作顺利开展奠定基础。

1. 掌握土壤培养试验、溶液培养试验及砂砾培养试验的任务、实施方法与步骤。

2. 通过在校种植科技园或附近农场进行的肥料田间试验地的参观或参与试验小区的区划,使学生了解田间试验小区的设置方法,掌握植物营养田间实验研究的方案设计、方法设计及实施的基本内容。

3. 在土壤和植株样品分析检测的基础上了解植物生长习性和植物营养规律,提高运用相关知识分析解决科学问题的能力。

4. 掌握试验数据统计分析的方法。

(二)拟订实习计划

由于培养试验的周期较长,因此,课程实习共分为两个阶段。第一阶段为植物培养阶段,第二阶段为分析指标测试阶段。在理论课讲授至第三周之后,开始进行第一阶段的教学实习,在供试作物培养期间,由学生进行常规的田间管理。待不同处理作物生长至出现明显的差异(1～2

个月)后进行相关植物营养生理指标的测试。

二、资料的收集分析

(一)土壤养分资料的收集

模拟土壤培养试验是以耕层土壤作为供试土壤,而在田间试验中,植物吸收的养分也主要来自耕层土壤。因此,在进行试验设计前,首先要了解取土区域的土壤养分状况,以便根据土壤养分供应特性确定合理的供肥方案。

(二)主要农作物营养指标的收集

收集研究区域内的农作物(棉花、玉米及小麦等)正常生长时,植株体内营养元素的含量状况,以便根据不同农作物的养分需求特性确定其合理的供肥方案。

(三)资料分析

根据农作物养分需求特性及土壤养分供应状况,确定施用养分的种类、配比和各自的施用水平,以此形成肥料的田间试验及模拟土壤培养试验方案。

三、实习材料的准备

(一)模拟土壤培养试验材料的准备

1. 土壤样品的采集及分析

根据实验方案,在取土区域,采集足够用量的耕层土壤,按照常规方法,测定土壤的田间持水量及吸湿水含量,并测定土壤的有机质、pH、碱解氮、有效磷及速效钾含量。

2. 3 mm 土筛的准备

取回的土壤需要全部通过 3 mm 孔径的筛子。

3. 植物培养容器的准备

以塑料花盆或水桶作为植物模拟培养的容器。根据试验方案,确定容器的容积、形状和所需数量。

4. 砾石、浇水管及尼龙网的数量

5. 肥料的准备

根据试验方案,确定所需的氮肥、磷肥及钾肥的种类及数量。

6. 电子秤及天平的准备

根据模拟培养实验中培养容器的装土量、灌水量和肥料用量,以及田间小区实验的肥料用量,使用相应精度要求的称量仪器(台秤、百分之一天平或万分之一天平)称取。

(二)溶液培养试验的准备

1. 容器的准备

根据培养作物选用相应容积的广口瓶、塑料杯或瓷盆,广口瓶或浅色塑料杯外壁需用黑色塑料薄膜包裹避光。

2. 硬质塑料板或泡沫聚苯板及固定植株用海绵的准备

3. 配制培养液

根据试验方案的设置配制培养液。

(三)砂砾培养试验的准备

1. 砂砾的准备

过 1 mm 或 2 mm 筛的河砂或石英砂。

2. 容器的准备

使用塑料(或陶瓷)花盆作为容器,容器的容积及数量根据试验方案确定。

3. 配制培养液

根据试验方案的设置配制培养液。

四、档案资料的准备

(一)调查资料表格的准备

根据试验方案将土壤培养试验、溶液培养试验及砂砾培养试验所需调查的内容以表格的形式列出,便于数据统计与分析。

(二)软件的准备

自学数据处理软件,如 SPSS、SAS 等。熟练掌握 excel 的操作。

实习二　盆栽土培试验

一、目的

本试验的目的是使学生系统掌握土培试验的操作技能，巩固基础理论和知识。为此，要求学生完成试验的计划、实施和总结的全过程。

二、试验计划的制订

试验计划要求包括以下内容：

（一）试验名称

（二）试验目的

（三）供试作物的种类和品种

（四）试验方案

1. 供试土壤。

2. 处理代号及内容。各处理应施肥料的种类、时期、数量和施肥方法。土培试验的施肥量，一般为田间的 2～3 倍，但土壤肥力、作物种类及品种、盆钵大小等因素，对其也都存在影响。几种作物的常用施肥量见表 2－1 至表 2－3 所列。

3. 重复次数。密植作物每盆留苗数多，重复可少些，一般不应少于 4 次，最好多于 6 次。中耕作物每盆留苗数少，重复应多些，一般不应少于 4 次，最好是 8～12 次或更多。

4. 盆钵规格。包括类型及大小。

（五）盆钵排列。应编制盆钵排列图，盆钵在摆放地点按区组排列，区组内按随机排列。

（六）栽培管理。包括播种量、留苗数和水分管理方式等。

表 2-1 几种作物的土培施肥量(克/公斤风干土)

	N	P_2O_5	K_2O
密植禾谷类	0.15	0.10	0.15
豆类	0.02～0.04	0.10～0.15	0.10～0.15
棉花	0.15～0.20	0.15～0.20	0.15～0.20

表 2-2 密植谷类在施肥水平试验中的施肥量(克/公斤风干土)

	低水平	中水平	高水平
N	0.1	0.2	0.3
P_2O_5	0.05	0.1	0.2
K_2O	0.1	0.2	0.3

表 2-3 盆钵大小与棉花施肥量(克/盆)

<table>
<tr><th colspan="2">盆钵大小</th><th colspan="3">养分量(克/盆)</th><th>盆钵容积</th></tr>
<tr><th>高(厘米)</th><th>直径(厘米)</th><th>N</th><th>P_2O_5</th><th>K_2O</th><th>公斤土</th></tr>
<tr><td>40</td><td>25</td><td rowspan="3">6</td><td rowspan="3">9</td><td rowspan="3">1.5～2.5</td><td rowspan="3">22～26</td></tr>
<tr><td>35</td><td>27</td></tr>
<tr><td>30</td><td>30</td></tr>
<tr><td>30</td><td>27</td><td>4</td><td>6</td><td>1.0～1.5</td><td>14～16</td></tr>
</table>

如用更大的盆子,则可按 0.15～0.2 克 N/公斤风干土。

(七)观察记载项目　一般要观察记载各盆作物的物候期、生长发育状况:如株高、茎粗、分蘖(分枝)数、叶色等及病虫害情况。

(八)收获时的考种测定项目　主要是成熟后的株高、茎粗、次生根数、干重及各该作物的产量构成因素,外观品质因素等。

(九)室内分析项目及样品采集项目名称、样品采集的时期及数量。

三、试验的实施

(一)材料和设备

盆钵、土壤、肥料、种子、小砾石(直径 1 cm 左右)、石英砂、拌土用的大盆或塑料布、手套、播种板、套橡皮圈的玻璃棒、培养皿、镊子、量筒、移液管、自封袋、小推车、铁锨、筛子(3 mm)及称量设备(台秤及不同精度的电子天平)等。

(二)步骤

1. 材料的准备和处理

(1)土壤。田间取回的供试土壤,如太湿先阴干,除去石砾、植物残体和其他夹杂物等,打碎并全部通过 3 mm 孔径的筛子,混合均匀后备用。操作中要注意防止肥料等对工具和场地的污染。

(2)盆钵。选择高度和直径相差不超过 0.5 cm 的盆钵。如按重量浇水,每个盆的重量相差不应超过 100 g。选好的盆钵和小石砾、石英砂都要洗净、晒干。

(3)肥料。按试验方案编制施肥表,按施肥表中的基肥施用量称好,装入注明盆号和处理号的容器中。如可溶性肥料,也可配制成溶液备用(每盆用量在 50 mL 以上时,可用量筒量取;50 mL 以下时,则用移液管吸取)。

(4)浇水量的确定。用容水量测定器测定土壤最大持水量,装盆前测定土壤水分含量,计算出达最大持水量 70%时应加的水量。采用重量法浇水时,还要计算调节至土壤最大持水量 70%时的总重量(盆体重量+排水物重量+玻璃管纱网等的重量+土壤重量+调节至最大持水量 70%时应加水的重量,以下均简称为“总重量”)。

2. 浸种、催芽和育苗

播种前应精选优质种子(小麦每盆 25 粒)放在 10%双氧水溶液中浸泡 15 分钟进行消毒。浸过的种子用蒸馏水洗净后催芽。催芽时先将种子放在洗净的烧杯中加水浸泡(小麦 12 小时、早稻 48 小时、晚稻 24 小时),使种子吸足水分后将水倒掉,种子留在烧杯中保温 20 ℃催芽。待幼芽露白后,挑选发芽整齐一致者播种。

水稻育苗时，将种子播在铺有洁净石英砂的培养皿中。除特殊要求外，一般每皿施 1 g 过磷酸钙，混匀。播后盖上湿滤纸，发芽后揭开滤纸，保持浅水层，并按计划追肥。一般硫铵用量为：二叶期 0.5 g/皿，三叶期 1 g/皿；氯化钾用量为：三叶期 0.5 g/皿，四叶期可移栽。

3. 装土、施肥、播种

装土前应根据所选盆钵类型，将排水浇水等装置调整好。

在用瓦格涅尔盆（图 2－1）时，先放置锯齿状片，使其齿朝下，两端接灌排水孔。再在其周围放小石砾，其上盖一层约 500 g 的石英砂；然后称重并以小砾石调节各盆重量一致。

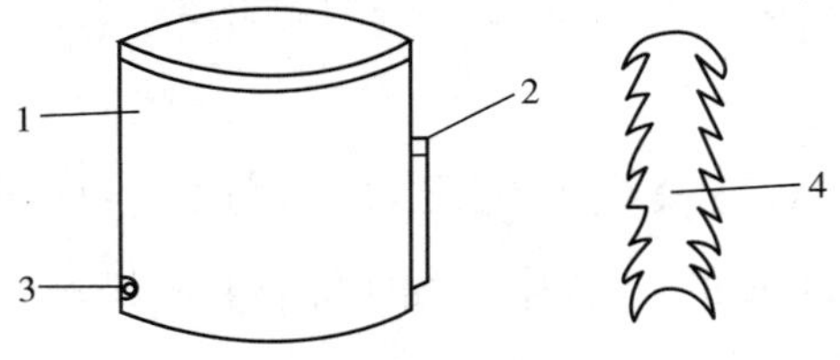

图 2－1 瓦格涅尔盆及其排水装置

1—瓦格涅尔盆；2—浇水管；3—排水孔；4—锯齿状片

在选用普通盆时，先按图 2－2 所示放置灌排水装置。放置时，小砾石或碎玻璃等排水物应盖住盆底的三分之二，并呈 30°角。砾石上盖以尼龙网或石英砂。浇水管口高出盆沿 2～4 cm。

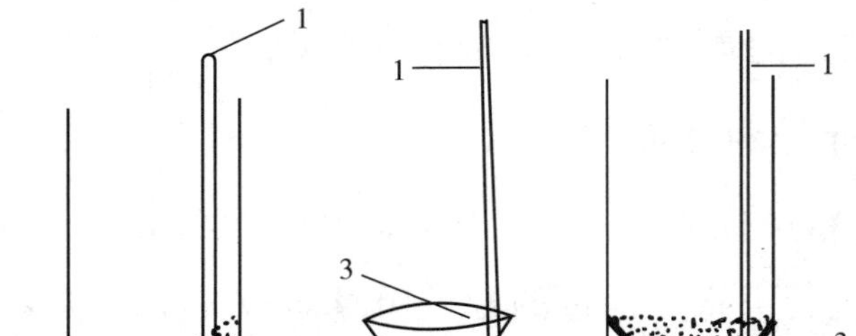

图 2－2 普通盆的排水装置

1—浇水管；2—碎玻璃；3—圆锥体排水装置

选用米氏盆(图 2－3)时先用砾石、陶片等物,盖住底孔。

当供试作物为水稻时,应按图 2－4 形式装置排水设施。图中盆钵一侧装有带活塞的玻璃管,上端管口为控制的水面高度,多余的水由此渗出,旋转活塞可按试验要求调节渗水速度。如用普通盆做水稻试验,则在盆钵内壁距土表 1 寸处做一保持水面高度的记号。

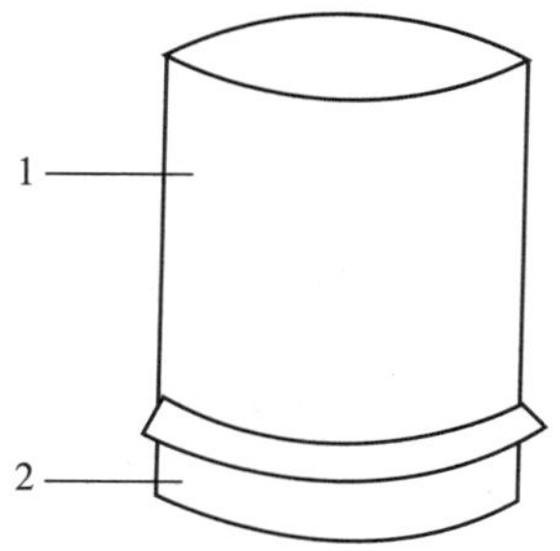

图 2－3 米切里西盆及其底盆

1—米切里西盆;2—底盆

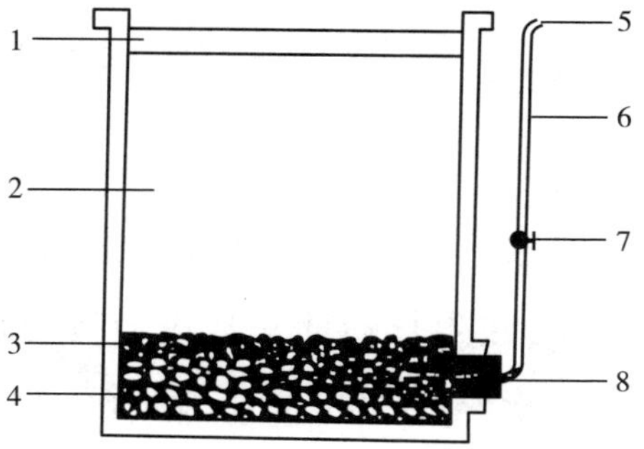

图 2－4 水稻盆栽排水装置示意图

1—水层;2—土壤;3—细碎石;4—粗砾石;5—溢水口;6—玻璃管;7—活塞;8—橡皮塞

盆钵准备好后,先试装一盆土,确定每盆应装土的重量。确定量时应使土表与盆口间留 2～4 cm,以便以后铺砂和浇水。

施肥前先把各盆应基施的肥料袋放入盆钵。按施肥表核对无误后,再施入土中。做基肥用的肥料,都要与整盆土壤混匀。如各处理所施肥料溶液的数量不等,则应加相应量的水,使各盆土壤水分含量一致。

装土时应将土壤分数次装入,分层压紧。土壤紧实度不能过紧或过松。所有盆钵装土的紧实度必须保持一致。土装完后,要将表面整平,根据确定的灌水量浇水,以保证幼芽生长的需要。

浇水后隔 2～3 天,待水下渗后,用播种板播种。播种前把土表整平,套上播种板,用已用橡皮圈标好播种深度的玻棒插好播种穴。穴深依作物种类而定(一般大粒种子 1.5～2.0 cm,小粒种子 0.5 cm,小麦为

1.5 cm)。取下播种板。用镊子选催芽后发芽一致的种子播下，胚根朝下，每穴一粒。播完，必须先检查是否漏播，然后再覆土，整平土表，再盖一薄层石英砂。也可不用播种板及玻棒插穴，即在装土时留 0.3～0.5 kg土不装，先浇水，待下渗后按试验要求播种，播后将留下的土均匀覆盖其上，最后再盖石英砂。

种水稻时，装土后即浇水，待土壤沉实后保持 1 寸水层，选择整齐一致的幼苗移栽。一般每盆 3 丛，每丛 4 株。

4. 管理

(1)浇水。作物生长期间应经常调节土壤水分，保持最适宜的土壤湿度。一般在生长初期只从表面按容积浇水，视盆中土壤湿度决定浇水量，一般每次 50～100 mL。随着作物生长，逐渐增加浇水量，到根伸长至盆钵下部后，谷类作物按土壤最大持水量的 60%～70%，从表面和底部同时浇水(米氏盆除外)。进入生长旺期(小麦为孕穗后期)，蒸腾量增大，视土壤湿度，每 1～2 天即应浇一次水，甚至每天浇两次水。生长后期应逐渐减少浇水次数，否则将延缓成熟。浇水时间要安排在早晨或傍晚。按重量浇水时要注意处理间作物生长的差异，校正各盆的“总重量”；也要注意各米氏盆栽处理土壤的实际湿度，防止生长过差的盆栽中土壤湿度过大。水稻种植期间，除试验要求的烤田措施外，保持3.3 cm水层。

不同作物在生长旺期对水分的要求不完全一样。棉花要保持在最大持水量的 70%～80%，豆类作物要求 75%，马铃薯和糖用甜菜要求 70%。

(2)间苗。在幼苗扎好根，苗期虫害危险已过后(小麦出苗 10 天后)，分批间苗、定苗。拔除弱苗和受病虫伤害的苗。不同作物的留苗数不同，一般禾谷类作物为 15～25 株，豌豆 10～15 株，玉米、棉花留 1 株。小麦视品种分蘖特性，可留 15 株。

(3)调换盆钵位置。按照试验计划，定期（最好每天）调换盆体位置。一般采用的调换方式是可将前边的盆子移到尾部，其余依次前移。

(4)设置支架，防止倒伏。对有倒伏可能的试验，要给盆子套上粗铁丝或小木棍制作的支架。在浇水时，支架的重量最好调到一致，并计入“总重量”。

(5)防治病虫害及鸟鼠等危害。经常检查病虫，及时防治；同时注意防治鸟鼠等危害，并及时记录。

5. 收获和考种

作物成熟时进行收获，收获前要做好以下几项准备工作：

(1)标签（牌子）。用塑料牌或厚纸皮做成的牌子。

(2)网袋。尼龙网或布口袋。每袋标好盆号、处理号、收获日期及收获人姓名。

(3)线绳。用于捆扎网袋。

收获工作视试验要求，采取连根拔的方法或齐土面剪割的方法。采用连根拔的方法时，如盆中土壤太干，需在收获前一天稍浇些水。收获前先将上述准备好的网袋，对号分放在各盆前，并核查是否有误。收获后，将收获物装入袋中，拿到考种室内进行考种，考种完毕把根部剪去，称量鲜重，脱粒，称晒干前的粒重。将籽粒放入记有处理号的牛皮纸袋中，晒干并称干重。如需测定养分含量等农化性状指标，在70～80 ℃烘箱中烘至恒重，以粉碎机粉碎至相应细度备用。

6. 观察记载

除按照试验计划，及时认真观察记载规定的项目外，对试验过程中遇到的特殊情况都要及时记载于备注栏内。

要有详细的工作记录，对试验材料的准备，考种和产量结果等重要活动，做认真的现场记录（要坚持现场记录）。

四、结果整理和小结

试验结果要及时整理,做出小结。

五、作业

每人提交盆栽土培试验初步报告一份,对试验结果作出初步评价。

实习三　盆栽水培试验

一、目的

本试验的目的是系统了解水培试验的全过程。要求学生加深理解营养液的配制、营养液配方的调配以及水培试验的设置和管理等环节的相关理论，并掌握各环节的操作方法。

二、试验计划

同前（略）。

三、材料、设备

培养容器、缸盖、细口瓶、移液管、量筒、塑料桶、培养皿、石英砂、海绵或泡沫塑料、尼龙网、通气用玻璃管、pH 计、橡皮球（打气用）、支架。

四、操作步骤

（一）营养液的制备

根据试验要求选定营养液类型。小麦一般选用克诺普营养液，水稻选用木村 B 营养液。两种营养液及微量元素混合液的成分表见表3－1所列。如试验方案中有缺素处理，或某元素的不同用量处理，则以 Cl^- 或 SO_4^{2-} 代替阴离子，以 Na^+ 代替阳离子，予以调配。配制营养液的水必须是蒸馏水或去离子水，使用量大时也可用符合要求的雨水。配制所需盐类，在大量元素研究中要用化学纯（CP）试剂，在微量元素研究中要用分析纯（AR）试剂。还要注意试剂所含结晶水是否与配方一致。

表 3-1　克诺普营养液成分表

贮备液		使用液	
盐类名称	g/L	10 L 加贮备液毫升数	含该盐浓度(g/L)
KNO_3	100	20	0.2
$Ca(NO_3)_2$	400	20	0.2
KH_2PO_4	100	20	0.2
$MgSO_4 \cdot 7H_2O$	100	20	0.2
$FePO_4$	50	20	0.1

15%硅酸钠溶液的配制：硅酸钠 150 g 溶于 1 L 蒸馏水中，以 1 N HCl 或 H_2SO_4调 pH 至 5.0。

1N NaOH 称 40 g NaOH 溶于 1 L 蒸馏水中。

1N HCl 将 83 mL 浓 HCl 稀释至 1 L。

表 3-2　木村 B 营养液成分表

贮备液			使用液	
盐类名称		g/L	10 L 加贮备液毫升数	含该盐浓度(g/L)
1	$(NH_4)_2SO_4$	96.4	20 mL 液“1”	0.0482
	$MgSO_4$	131.8		0.0659
	KNO_3	37.0		0.0185
	KH_2PO_4	49.6		0.0248
2	$Ca(NO_3)_2$	119.8	20 mL 液“2”	0.0599
	柠檬酸铁	30.0		Fe_2O_3 2～5 mg
	1N HCl			

表 3-3　阿农微量元素混合液(贮备液)成分

盐类名称	浓度(g/L)
H_3BO_3	2.86
$MnCl_2 \cdot 4H_2O$	1.81
$ZnSO_4 \cdot 7H_2O$	0.22

（续表）

盐类名称	浓度(g/L)
$CuSO_4 \cdot 5H_2O$	0.08
H_2MoO_4(85% MoO_2)	0.02

准备试验时，先制备营养液的贮备液。难溶盐类也应配成悬浮液作贮备液。木村 B 营养液的贮备液，可以是各种盐的个别溶液（柠檬酸铁需煮沸溶解），也可以再将各种盐并为两组，制成贮备液 1 及 2。贮备液贮在黑色瓶中。营养液的使用液要到应用时再配。为避免产生沉淀，先取所需量 80% 的水，再逐个添加贮备液。每加入一种贮备液后，都要充分搅匀，然后再加下一种。克诺普和木村 B 营养液的使用液中，都要另加微量元素贮备液；种植禾本科作物时还要加硅酸钠溶液。适宜的 SiO_2浓度：水稻为 100～150 ppm($1\ ppm = 1\times10^{-6}\ mg/L$)，小麦为 50～100 ppm。向 10 L 营养液中添加的 15% 硅酸钠量，水稻为 32～48 mL，小麦为 16～32 mL。所有贮备液均添加完后，用 1 N NaOH 调节 pH，木村 B 营养液调至 pH 5.0，克诺普营养液调至 pH 5.7。

（二）育苗

把精选好的种子，用双氧水溶液消毒、洗净、浸种（方法同土培试验），播在砂盘上。砂盘中铺有 2～2.5 cm 厚的石英砂，播前先加水至饱和（过多的水要倾去），铺上一层滤纸后播种。播后再盖上一层滤纸或纱布。小心地将滤纸（纱布）浸湿，保持适宜湿度，促进种子萌发。出苗后移去上盖物，保持适宜湿度，使幼苗生长到根长 5～7 cm 时，即可做定植用。如植物根在水中生长很慢，则把种子直接播在没有滤纸的砂中，催芽到根长 5～7 cm；或在根长 2～4 cm 时，把幼苗移到网子上。幼苗向网子移植的方法：先用自来水小心冲掉根上的砂粒，再用镊子把根穿入尼龙网布的网孔，然后把尼龙网布固定在盛有自来水或蒸馏水的结晶皿或其他容器中。每天换皿中水，约 8～12 天，根长可达 5～7 cm。

(三)容器的准备

根据供试作物种类及试验进行期的长短,选用 0.5～1 L 容量的黑色塑料瓶(或用包以黑色塑料的普通玻璃容器),并准备厚 1.5～2.0 cm、打好孔的木塞或塑料塞,作容器盖板。塞子的孔径,谷类作物一般为 1～2 cm。孔洞数量为“欲留苗数+2”。容器要用洗涤剂和水充分清洗干净。容器中装营养液的量,以使液面距瓶口 15 cm 为宜。

(四)定植

定植时选择生长一致的幼苗,每孔 2～3 株,将苗根并拢插入塞孔,用海绵条固定后,将塞子放在瓶口上。

(五)管理

1. 打气

通气是水培试验的重要管理措施。通气次数为生长初期隔天一次,孕穗期后每天一次。可用橡皮球打气,也可用自动通气装置,每次 5 分钟,每秒钟 2～3 个气泡。还可用加双氧水法供氧,达到通气的目的,即每 1～3 天向营养液中加入 3% H_2O_2 0.1～0.3 mL/L。

2. 调节 pH 值

用精密酸度计,隔天以 1 N NaOH 或 1 N H_2SO_4 调节营养液的酸度一次,水稻要求 pH=5.0,小麦要求 pH=5.7。调节酸度时还要注意不同配方营养液的要求不同,注意向未加酸碱的容器中,补充相应量的 Na^+ 和 SO_4^{2-} 等副成分。

3. 间苗

定植的幼苗恢复正常生长后,进行间苗。每孔苗生长一致的苗一株。

4. 加水

为保持液面至瓶口 1.5 cm 的距离,每天至少加水两次。

5. 营养液的更换和浓度调节

植物生长期间必须经常更换营养液，以保持其浓度的稳定。10 L的培养瓶，夏天每周更换一次，冬季两周更换一次。5 L的培养瓶，每周更换1～2次，冬季1～2周更换一次。如有条件可采用流动培养法。作物不同生育期的更换次数也不同，生长初期每周一次，分蘖至开花期每周两次。

有些作物在不同生育期对浓度的要求不同，如水稻插秧时可用1/8～1/4浓度，分蘖期用1～2倍，有效分蘖期后用1/2～3/4浓度，抽穗前后用1/4～1/2浓度，抽穗两周后可只用水培养。

6. 铁的补充

pH升至6以上，营养液中的无机铁盐就形成不溶的$Fe(OH)_3$，需要补充。一般每5 L营养液中，隔2～3天需加0.1%柠檬酸铁1～2 mL。如仍不能克服缺铁症，则应将pH调至小于6，甚至把植物移入0.1～0.2 g/L $Fe_2(SO_4)_3 \cdot 7H_2O$或$FeCl_3 \cdot 6H_2O$的溶液中，每天放3～6小时，直至失绿症状消失。

7. 水培试验的其他管理措施

如调换位置、设支架、防病虫、收获等，均与土培试验相同。

实习四　盆栽砂培试验

一、目的

砂培试验是介于土培和水培试验之间的一种盆栽试验方法。本实验的目的是，通过实践熟悉其特点、掌握其技术。

二、试验计划的制订

根据砂培试验的基本要求和本校条件，编制一个试验计划。

三、准备工作

(一)砂子的准备

取 0.2～1 mm 的石英砂，用水流反复冲洗 8～10 次，以除去黏土和悬浮的有机物，再用蒸馏水或雨水漂洗数次。烘干，备用。在进行微量元素等要求更纯砂子的试验时，应先用浓盐酸浸泡石英砂 4～5 天，倾去盐酸，再用插到盆底的管子通入自来水，并不断搅拌砂子，直至水中无明显氯离子反应，以除去盐酸。最后，还要用营养液浸泡，每天两次，直到营养液与砂粒接触 24 小时，pH 无大变化，以除去被砂粒吸收的 H^+。

(二)培养盆的准备

砂培试验用盆也分底部有排水孔的盆和无排水孔的盆两种。盆钵的准备和排水物的放置工作，与土培试验基本相同。在盆钵质量方面，砂培比土培要求得更严，不能用陶土盆等盆壁能吸收养分的盆钵。

(三)营养液的配制

砂培营养液的配制与水培试验基本相同。砂培营养液使用液的浓度常比水培时高。砂培营养液中可以用难溶性盐，如普里亚尼什尼克夫营养液，其养分浓度较大，其中磷酸盐的形态为 $CaHPO_4 \cdot 2H_2O$（表 4-1）。砂培营养液使用液的浓度应掌握在：向每公斤砂中添加的溶液总量小于 50～60 mL。

表 4-1　普里亚尼什尼克夫营养液的成分

盐类名称	浓度(g/L)
NH_4NO_3	0.24
$CaHPO_4 \cdot 2H_2O$	0.172
$MgSO_4$	0.06
KCl	0.16
$FeCl_3$	0.025
$CaSO_4 \cdot 2H_2O$	0.344

四、施肥与装盆

砂培试验中每种肥料（养分）的溶液或粉末，均在预先未混合的情况下分别加入砂中。先加固体盐类，后加营养溶液。每添加一种盐类，都要混合后再施下一个盐类。

为防止试验过程中砂粒的流失，装盆时宜先在盆底的排水孔周围放一些石英砾，或用尼龙网布填塞排水孔；再在盆底铺一层粒径 2～5 mm 的粗砂作排水物；然后铺普通石英砂。

装砂也要压紧，砂面距盆口留 2～3 cm 距离。使用无孔盆时，也和土培一样地安放排水物。

五、播种

砂培的播种工作和土培一样。

六、管理

砂培试验的水分管理与土培相近。出苗后的生长初期，可按容积浇水，保持砂面湿润，一般每次 50～100 mm。出苗后 5～6 天，盆中水重不应超过砂重的 15%，最好为 12%～13%，每隔一天称重一次(0.5 mm 砂子的最大持水量为 23%～26%)。以后从上下两方面浇水，但大部分从上面浇，砂的湿度要达砂重的 15%。进入旺盛生长期，一天要浇两次水，并使水重达砂重的 16%～17%，即最大持水量的 75%。成熟期的湿度要减至砂重的 13%～17%(最大持水量的 55%～60%)，隔天浇一次。收获前 3～5 天停止浇水。水稻生育期要保持 3.3 cm 的水面。

砂培试验的追肥方法：把应施量的肥料先溶解到 2～3 天用量的水中。在砂中用玻棒做出 3～5 个深度不等的小孔，按通常的浇水量将肥料水施入砂中，2～3 天浇完。从上下两方面浇水时，也从两方面施追肥。

砂培盆中常有藻类滋生，可用加盖、遮光、压砂等方法防治。

砂培中还会有盐类在砂面聚集，要每 3～5 天以水淋洗一次。

砂培中的其他管理措施与土培同。

习　题

第一章　误差的基本理论

1. 某地调查了60个水田土壤的有效锌含量，结果见下表，试根据所给资料编制频数分布表，绘制直方图，并计算该地有效锌的平均含量(mg/kg)与标准差。

0.25	0.28	0.42	0.45	0.45	0.48	0.56	0.57	0.58	0.64	0.67	0.68
0.65	0.74	0.75	0.78	0.78	0.80	0.80	0.80	0.81	0.83	0.84	0.84
0.84	0.85	0.86	0.88	0.88	0.85	0.85	0.86	0.90	0.92	0.96	0.96
0.96	0.98	1.02	1.05	1.08	1.10	1.12	1.12	1.14	1.16	1.18	1.08
1.20	1.20	1.22	1.20	1.28	1.29	1.30	1.32	1.34	1.35	1.50	1.52

2. 太湖地区各类水稻土的分布面积占比、有机质含量见下表，试计算全地区有机质的平均含量(%)和标准差。

水稻土类型	面积占比(%)	有机质	
		含量	标准差
爽水水稻土	29.2	2.810	0.545
侧渗水稻土	13.3	1.590	0.418
滞水水稻土	8.3	2.230	0.561
囊水水稻土	25.9	3.400	1.280
漏水水稻土	23.3	2.020	0.599

3. 逐日测定 25 ℃下蚕豆根的生长量记录于下表，试求根长的平均每天增长率。

日期(天)	1	2	3	4	5	6	7
根长(mm)	17	23	30	38	51	72	86

4. 苏州地区黄泥土中钢的背景值(mg/kg)的一个样本见下表，求其几何平均数及其标准差。

14.2	21.0	25.7	29.4	18.0	21.8	26.8	30.0	28.8	24.5	20.4	19.7	24.0
28.0	43.5	27.2	23.3	19.3	42.7	27.1	22.3	19.2	19.0	22.2	26.8	30.6
30.0	26.5	21.1	17.2	43.8	27.8	23.5	19.6	20.1	24.3	28.4		

5. 据调查分析，北京地区土壤含铬量，取样 49 个，得$\overline{X_1}=61.52$ mg/kg，$S_1=16.04$ mg/kg；南京地区取样 59 个，得$\overline{X_2}=66.74$ mg/kg，$S_2=21.43$ mg/kg，试计算两地区土壤铬的平均含量及标准差。

6. 南方某地 100 个点的水稻钾肥试验中，已知每斤钾肥平均增产稻谷 1.5 kg，$\delta=0.25$ kg，试求：(1)每斤钾肥增产 1～1.5 kg 的试验点数；(2)每斤钾肥增产稻谷 2 kg 以上的概率；(3)每斤钾肥增产稻谷 1.23～1.73 kg 的概率。

7. 某厂废水中的 COD 浓度呈正态分布，其平均值 μ 为 30.5(mg/L)，标准差 δ 为 5.0(mg/L)，试计算：(1)COD 浓度超过 30.0 mg/L 的可能性有多大？(2)COD 浓度低于 20.0 mg/L 的可能性有多大？

8. 某丰水区年雨量 X 服从正态分布，平均值 μ 为 1000 mm，标准差为 200 mm，求：(1)年雨量大于 1500 mm 的可能性；(2)年雨量在 500～1000 mm 的可能性。

9. 对桃树枝条的含氮量测定了 10 次，得到数据如下：2.38%，2.38%，2.41%，2.50%，2.47%，2.41%，2.38%，2.26%，2.32%，

2.41%。设桃树枝条的含氮量服从正态分布，试以95%的可靠性对桃树枝条的含氮量作定值估计和区间估计。

10. 测得10株草莓的产量(单位:g)如下:239,176,235,217,234,216,318,190,181,225。设草莓的单产量服从正态分布，试估计草莓的单株产量(可靠性为95%和99%)。

11. 假定一个总体共有3个个体，其值为2、4、6，倘从该总体进行复置抽样，每次抽取两个观察值组成样本，共有多少个样本？计算总体平均值、方差和标准差。计算所有样本平均数、样本平均数的方差，并绘制样本平均数的直方图。

12. 假定一有限总体中有5个个体，其值为1,2,3,4,5，从总体进行复置抽样。(1)每次抽两个观察值，抽出所有样本，共有多少个可能样本？(2)计算总体平均数、方差。(3)计算各样本平均数，样本平均数的平均数、方差。(4)样本平均数分布的平均数与总体平均数有什么关系？平均数分布的方差与总体方差有什么关系？(5)样本平均数的分布(直方图)作什么类型的分布？

13. 在布置肥料长期定位试验之前，第一年小麦空白试验中，每一平方米收获一个样本，共收获1000个小区，算得$\overline{X}=125$公斤/亩，$S=25$公斤/亩，计算：

(1)保证5%精确度的重复次数；

(2)保证10%精确度的重复次数。

14. 某林区面积很大，根据预备调查知道，每0.1公顷样地立木蓄积量标准差为4.5 m^2，现欲用抽样调查方法估计全林每公顷蓄积量，要求估计的可靠性为95.5%，误差不超过0.6m^2，试问应抽取多少块0.1公顷的样地？

15. 某林场为开展森林资源清查工作进行一次预备调查，得不同样地面积的蓄积量变异系数资料如下，试计算在不同样地条件下需抽多少样地进行调查才能达到85%的精度，可靠性为95%的要求，并根据计算所得结果指出样地面积多大为宜(假设样地面积每增加 0.02 公顷,调查成本增加 5%)。

样地面积(公顷)	0.01	0.06	0.08	0.10	0.12
蓄积量变异系数	0.4552	0.3996	0.3943	0.3723	0.3703

16. 已知某地土壤中砷含量(mg/kg)的分布为正态分布,今随机取得土壤样品 30 个,获得 $\overline{X}=6.16$,$S=2.08$,求 μ 的 95%的置信区间。

17. 已知某地农业土壤中铬的本底值近似对数正态分布,现从该地区随机取土壤样品 20 个,得几何平均数 $G=52.5$ mg/kg,几何平均差 $S_g=1.47$ mg/kg,试计算该地土壤中铬的本底值的 95%的置信区间。

18. 在某次抽样调查中,用分层抽样法,且按比例配置。共设 50 个样点,已知各区层的 W 值如下:$W_1=0.461$,$W_2=0.394$,$W_3=0.107$,$W_4=0.038$。

(1)确定各区层的抽样个数;(2)已得各区层的平均值 $\overline{X_i}$ 和方差 S_i^2 如下:

区层	1	2	3	4
$\overline{X_i}$	0.8020	0.6954	1.2076	1.3560
S_i^2	0.1449	0.1134	0.1076	0.1411

试求:总体平均数的分层抽样估计值,并求出此估计的误差限(置信度 95%)。

(3)若此次调查的容许误差为 0.12(置信度为 95%),问:调查结果的精度是否达到预定要求?

19. 为了估计一大批种子的发芽率,用重复抽样方式抽取了 200 粒进行发芽试验,结果有 136 粒发芽,现要以 95%的可靠性估计这批种子的发芽率，问：若使误差限不超过 0.05，至少应抽多少种子组成样本做发芽试验？

20. 从 222 块田的小麦测产抽样调查，得到方差为 90.3 公斤，问：在置信概率为 99%条件下，容许误差(d)为 2 公斤时，应该需要多少个抽样单位？

第二章 试验设计

1. 什么是单因素试验？什么是复因素试验？

2. 什么是主效应？什么是交互作用？

3. 试验方案设计的基本原则是什么？

4. 试验方法设计的基本原则是什么？它们对试验起什么作用？

5. 随机区组设计与拉丁方设计各有什么特点？怎样进行随机？

6. 裂区设计与多因素随机区组设计有何不同？在什么情况下需要采用裂区设计？

7. 晚稻氮钾肥试验，为求得氮钾肥料效应函数方程，计算氮钾的最佳施肥量，试分别按 3×3 设计、D-重复饱和设计试验方案。

8. 水稻氮钾肥试验，试按二次回归旋转组合设计方案。

9. 棉花氮磷钾肥试验，试采用三因素六水平优化回归设计试验方案。

第三章　统计假设检验

1. 对某地区生猪体中 DDT 的残留量进行监测，随机抽查 58 头猪，得到 $\overline{X}=4.76$ mg/kg，$S_X=0.69$ mg/kg。按国家卫生标准规定，生猪允许残留量为 2.00 mg/kg。问：该地区生猪体中 DDT 的残留量是否超标？

2. 用一个新的快速方法，测定其含硫量为 0.123%的标准样品，4 次测定结果分别为 0.112%，0.118%，0.115%，0.119%。试确定新分析方法是否存在系统误差。

3. 某种零件的长度服从正态分布，其标准长度为 37 cm，现随机抽取 6 件，测得它们的长度分别为：36.4 cm、36.2 cm、36.6 cm、36.9 cm、37.8 cm、37.8 cm。问：该批零件长度是否合格？

4. 分析两批葡萄酒中的醇含量分别进行了 6 次和 4 次测定，测定平均醇含量各为 12.61%和 12.53%，标准差分别为 0.060%，0.080%。试问：两批葡萄酒中醇含量是否有显著差异？

5. 某地测定急性克山病患者与克山病区健康人的血磷含量(mmol/L)如下表，试问：克山患者与健康人的血磷是否不同？($\alpha=0.05$)。

患者	2.60	2.73	4.32	5.18	5.78	6.53	3.24	3.73	4.73	5.58	6.40
健康人	1.67 4.17	1.98 4.82	2.34	3.62	4.14	4.57	5.78	1.98	2.33	2.50	3.73

6. 工厂的两个化验室，每天对所配的水样分别测定其含氯量(mg/kg)，下面是 7 天的记录。问：两化验室测定结果之间有无显著差

异？（α＝0.01）。

日期	1	2	3	4	5	6	7
化验室 A	1.15	1.86	0.75	1.82	1.14	1.65	1.90
化验室 B	1.00	1.90	0.90	1.80	1.20	1.70	1.95

7. 在 6 个点的棉花喷硼试验中，每点采用喷硼与喷水（对照）配对设计，每小区 0.2 亩，产量结果如下，试问：该地棉花喷硼有无增产效果？

点数	1	2	3	4	5	6
喷硼公斤/亩	50	55	60	45	54	45
对照公斤/亩	35	42	50	30	43	28

8. 今采用刘多森提出的土壤容重（g/cm^3）和孔隙度（%）测定的简易测定法与常规法测定了 10 个土样，结果如下。试问：两种方法测定结果有无明显差异？

土样编号	1	2	3	4	5	6	7	8	9	10
简易测定法	1.12	1.23	1.22	1.18	1.37	1.32	1.20	1.18	1.19	1.19
常规法	1.13	1.20	1.23	1.18	1.36	1.33	1.19	1.18	1.15	1.19

9. 比较用燃烧法和灰化法测定植物叶片中氟的含量（%），试采用同一叶片分成两份，一份用燃烧法测定，一份用灰化法测定，结果如下。试问：这两种结果有无差异？

叶片编号	1	2	3	4	5
燃烧法（A）	1.28	0.88	0.23	2.81	0.12
干灰法（B）	1.09	0.58	0.26	2.86	0.11

10. 某地冬小麦播种时，用土制过磷酸钙作肥，播种后在田间检查发芽率，共计 10 个样段，每段检查 100 粒，算得发芽率为 85%。该品种

的正常发芽率为 95%。试问：土制过磷酸钙是否影响该种子的正常发芽率？

11. 在新平整土地上进行玉米锌肥试验，调查研究锌肥对防治玉米白苗病的效果，植株分正常与病株两种，共调查 300 株，结果见下表。试问：锌肥对防治玉米白苗病有无显著效果？

处理	不施锌	锌作基肥	喷锌	总数
正常株	30	85	80	195
病株	70	15	20	105
总数	100	100	100	200

12. 研究吸烟习惯与慢性支气管炎发病的关系，调查了 205 名吸烟者与 134 名不吸烟者，所得结果如下。试问：吸烟与慢性气管炎发病有无关系？

类别	患者数	未患数
吸烟者	43	162
不吸烟者	13	121

13. 用火焰原子吸收法测定某些标样中的锂，测定结果如下。试根据测定结果评价该分析方法的可靠性。

标准编号	标准值	测定值			
911	0.20%	0.22%	0.20%	0.20%	0.20%
914	0.13%	0.13%	0.12%	0.13%	
065	3.25%	3.20%	3.10%	3.10%	

14. 用原子吸收分光光度法测定铂时，用正交试验研究了乙炔流量与空气流量对测定的影响，发现乙炔流量与空气流量比为 0.5/6 和 1.5/1.0，效果较好，8 次测定的吸光值 A 分别为 31.98 和 30.34，相应的

标准差分别为 0.67 和 0.49。试从现有测试数据确定一最佳的乙炔和空气流量比。

15. 在 500 人身上试验某种血清预防感冒的作用，把他们在一年中的记录与另外未用血清的 500 人比较，结果如下。问：该种血清是否能起到预防感冒的作用？

	未感冒(人)	感冒一次(人)	感冒两次以上(人)
处理	252	145	103
未处理	224	136	140

16. 有人用鱼脑胆碱酯酶活力作为监测水库有机磷污染的指标，得如下资料。问：根据此资料推断 B 水库有否污染？($\alpha=0.05$)。

	A 水库	B 水库
n	12 条	9 条
$\bar{x}$	1.79	1.40
s	0.57	0.73

17. 已知某地区农业土壤中铬的本底值近似对数正态分布，几何平均数 $\mu_g=49.08$ mg/kg，现欲了解目前水平是否高于以往本底水平，在该地区随机取土样 20 个，得几何标准差 $S_g=1.47$ mg/kg，几何平均数 $G=52.5$ mg/kg。试问：目前水平是否高于以往水平？

18. 已知某地区汞(单位：mg/kg)的土壤背景值呈对数正态分布(土壤背景值的对数服从正态分布)。根据如下资料，试比较母质分别为冲积和浅海沉积的背景值的差异显著性。

冲积母质	0.207 0.120	0.157 0.069	0.199 0.091	0.246 0.066	0.402 0.178	0.179 0.139	0.119 0.219	0.110
浅海沉积母质	0.058	0.073	0.063	0.031	0.062	0.130		

19. 甲乙两人用同一样品、同一方法做了五次分析，得样本方差分别为 0.4332、0.5006，若二者测定值的总体都是正态分布，其方差分别为 $\delta_{甲}$、$\delta_{乙}$，试比较两人分析结果的精密度是否一致。

20. 今调查测定北京地区 49 个土样铅含量(mg/kg)，结果见下表。已知 49 个土样铅含量的常用对数的算术均值为 1.1861，标准差为 0.1940。试问：该地区土壤铅含量是否对数正态分布？

分组号	1	2	3	4	5	6
铅的对数区间	$-\infty$～0.8	0.8～0.9	0.9～1.0	1.0～1.1	1.1～1.2	1.2～1.3
观察次数	2	2	3	5	13	12
分组号	7	8	9	10	11	
铅的对数区间	1.3～1.4	1.4～1.5	1.5～1.6	1.6～1.7	1.7～1.8	
观察次数	6	3	1	1	1	

21. 根据某地区某重金属背景值资料，已计算得，$\sum_{1}^{n}(x-\bar{x})=1018.563$；$\sum_{1}^{n}(x-\bar{x})^2=4017.845$；$\sum_{1}^{n}(x-\bar{x})^3=2548.592$；$\sum_{1}^{n}(x-\bar{x})^4=883740.43$；$n=60$，用偏度、峰度法检验背景值的分布形态。

22. 对某种杀虫剂规定平均每瓶(100 g)杂质含量低于 3 g 时才能出厂，今随机抽取 20 瓶进行检验，得到如下的资料(单位：g)。设杂质含量服从正态分布，试检验该杀虫剂能否出厂。

2.7	3.1	2.5	3.5	3.3	2.6	2.8	2.4	3.4	3.1
2.4	2.4	3.2	3.1	3.3	3.6	3.3	3.4	3.2	2.5

23. 已知某种子的发芽率为 90%，现用辐射方法对种子进行处理，处理后的种子中随机抽取 500 粒做发芽试验，结果有 465 粒发芽。问：

这批种子经过处理后，是否明显地改变了种子发芽率？（$\alpha=0.01$）

24. 土壤消毒处理对樟木松苗木抗病效果试验结果数据如下。试问：3种处理方式是否有显著差异？

消毒处理	健康苗木	发病苗数	总和
高锰酸钾	116	12	128
盐酸	211	18	229
烧表土	198	14	212

25. 为了解某地区土壤中Cu含量（mg/kg）的分布，测得一个随机样本如下。试用偏度、峰度法检验该地区铜含量是否正常分布。

2.8	19.0	18.0	18.2	25.6	5.5	23.7	23.5	28.0	15.5
29.5	20.0	35.5	5.5	21.0	15.0	25.0	29.0	34.0	15.0
17.0	19.0	10.0	13.0	18.5	26.4	12.0	12.5	23.0	33.0
25.5	15.0	10.5	37.0	9.5	13.6	20.5	22.0	14.5	21.5
26.0	28.5	30.0	22.5	15.6	19.5	25.0	11.5	16.5	18.5

26. 在杀虫剂药效试验中，杀虫剂A在700头虫子中杀死460头，杀虫剂B在500头虫子中杀死364头。问：两种杀虫剂的效力是否相同？

27. 调查低洼地小麦378株（n_1），其中有锈病株355株（x_1），锈病率93.92%（p_1）；调查高坡地小麦396株（n_2），其中有锈病346株（x_2），锈病率87.31%（p_2）。试检验两块麦田的锈病率有无显著差异。

第四章　方差分析

1. 一水稻施肥的盆栽试验，设置 5 个处理，每个处理重复 4 次，其产量结果如下，试测验各处理平均数的差异显著性。

处理	每盆产量(g)			
A(氨水 1)	24	30	28	26
B(氨水 2)	27	24	21	26
C(碳铵)	31	28	25	30
D(尿素)	32	33	33	28
E(不施)	21	22	26	21

2. 研究氟对种子发芽影响的试验中，将种子经不同浓度 NaF 溶液处理后发芽，测得其芽长(cm)如下，试问：氟对种子发芽有否影响？

处理	1	2	3
对照	8.9	8.4	8.6
10 ppm	8.2	7.9	7.5
50 ppm	7.0	5.5	6.1
100 ppm	5.0	6.3	4.1

3. 检验某湖湖水氯化物含量(mg/L)结果如下，试比较不同季节湖水的氯化物含量有无显著差异。

测定次数	1	2	3	4	5	6	7	8
春	22.6	22.8	21.0	16.9	24.0	21.9	21.5	21.2
夏	19.1	22.8	24.5	18.0	15.2	18.4	20.1	21.2
秋	18.9	13.6	17.2	15.1	16.6	14.2	16.7	19.6
冬	19.0	16.9	17.6	14.8	13.1	16.9	16.2	14.3

4. 某地低产黄土小麦氮磷肥配施肥研究，每亩按处理分别施尿素10公斤、普钙15公斤，其产量结果如下。试分析：(1)氮磷肥的主效应及其交互作用；(2)确定最优施肥方案。

处理	1	2	3	4
CK	84	87	82	90
N	103	100	97	95
P	100	99	95	96
NP	111	120	119	117

5. 研究光照时间与夜间温度对薄荷生长的影响，以 A_1、A_2、A_3 表示每天光照 8、12、16 小时，B_1、B_2 表示夜间温度为低温、高温共 6 个处理，3 次重复，观察处理一星期，植株生长的高度结果如下。试分析光照时间、夜间温度高低对植株生长的影响。

处理	A_1B_1	A_1B_2	A_2B_1	A_2B_2	A_3B_1	A_3B_2
1	17.5	32.0	18.0	29.0	22.0	35.0
2	15.0	28.0	17.5	26.5	21.5	33.0
3	11.5	28.0	14.0	22.0	18.0	27.0

6. 为了解某地区土壤中铜的含量与土壤母质是否有关，今在四种不同母质的土壤中测得铜的含量(mg/kg)如下，试作方差分析。

砂岩	30.5	25.0	18.0	20.0	15.5	10.5	17.0	12.0		
第四纪红土	23.5	15.5	21.0	10.5	17.0	25.0	12.0			
冲积	18.0	18.5	25.5	23.0	15.0	10.5	9.0	35.0	13.5	17.0
石灰岩	25.5	20.0	35.0	10.0	18.5	13.0	17.0	25.0		

7. 为了解汞在农业土壤中的分布状况，今采集了 6 个剖面，每个剖面分 5 层，测得土壤含汞量(mg/kg)如下。试分析土层深度对土壤含汞量有否影响。

深度(cm)	1	2	3	4	5	6
0～10	0.280	0.227	0.221	0.321	0.153	0.615
10～20	0.280	0.182	0.224	0.321	0.168	0.490
20～40	0.275	0.155	0.234	0.187	0.120	0.195
40～60	0.393	0.124	0.053	0.067	0.067	0.075
60～80	0.040	0.120	0.062	0.053	0.053	0.080

8. 为探讨某废水处理装置的最佳运行条件，考察温度(A)和废水停留时间(B)对处理效果的影响，用去除率作为试验的指标。各次试验的条件及结果列表如下，试作方差分析。

试验号	处理代号	试验条件	试验结果(去除率)
1	A_1B_1	18 ℃，半天	65
2	A_1B_2	18 ℃，一天	78
3	A_1B_3	18 ℃，二天	76
4	A_2B_1	25 ℃，半天	72
5	A_2B_2	25 ℃，一天	75
6	A_2B_3	25 ℃，二天	84
7	A_3B_1	30 ℃，半天	82
8	A_3B_2	30 ℃，一天	80

（续表）

试验号	处理代号	试验条件	试验结果(去除率)
9	A_3B_3	30 ℃,二天	81
10	A_4B_1	33 ℃,半天	85
11	A_4B_2	33 ℃,一天	91
12	A_4B_3	33 ℃,二天	92

9. 对 5 个杂交稻品种的干物质积累进行测定,每个品种随机取两个样点,每点 5 株,其结果如下,试作方差分析。

品种	样点	干物重(克/株)				
A	1	7.5	8.9	9.2	11.4	10.5
	2	12.1	10.6	8.7	9.9	10.1
B	1	7.4	8.8	8.9	7.8	9.8
	2	6.2	6.6	5.3	7.5	8.1
C	1	12.6	10.2	11.4	11.8	12.1
	2	15.2	15.1	12.3	12.5	12.9
D	1	5.8	4.7	6.6	7.4	7.9
	2	6.4	6.8	8.1	7.2	7.9
E	1	13.8	15.1	13.1	12.6	16.6
	2	11.7	17.2	15.6	15.1	15.8

10. 有 A、B、C、D、E 5 种肥料处理,采用 5×5 拉丁方设计,供试作物为小麦,小区面积 0.1 亩,田间排列及小区产量(斤)如下表,试比较 5 种肥料的产量差异显著性,并找出最优肥料处理。

E26	C43	B35	A45	D38
A53	D37	C40	B34	E24
C41	A46	E25	D39	B38
D34	B37	A38	E23	C43
B36	E24	D40	C43	A51

11. 今有一氮肥品比试验，采用随机区组设计，试验过程中 E 处理第二区组由于不慎缺失一区产量。试根据下面产量表计算：(1)缺区产量；(2)上述试验结果的方差分析，比较各品种的肥效。

处理	A	B	C	D	E	F
1	14.9	20.3	19.8	18.4	18.0	22.0
2	15.9	22.1	19.0	16.8	—	23.4
3	14.0	20.7	18.6	17.4	19.3	24.1

12. 今有一小麦裂区试验，主区因素 A 分 A_1(深耕)、A_2(浅耕)两水平；副区因素 B，分 B_1(多肥)、B_2(少肥)两水平，重复 3 次，小区计产面积 120 平方尺，其田间排列如下，试作分析。

B_1	B_1	B_2	B_1	B_2	B_2
9	7	3	11	1	4
A_1	A_2	A_2	A_1	A_2	A_1
6	2	5	4	6	12
B_2	B_2	B_1	B_2	B_1	B_1

13. 在一个三因素试验中，对两个小麦品种(A_1、A_2)，两种密度(B_1、B_2)，三种氮肥用量(C_1、C_2、C_3)，采用 2×2×3 均衡随机区组设计，小区面积 0.05 亩，小麦产量如下表。试分析各因素的效应，并确定最优的组合方案。

	$A_1B_1C_1$	$A_1B_1C_2$	$A_1B_2C_1$	$A_1B_2C_1$	$A_1B_2C_2$	$A_1B_2C_3$	$A_2B_1C_1$	$A_2B_1C_2$	$A_2B_1C_2$	$A_2B_2C_1$	$A_2B_2C_2$	$A_2B_2C_3$
1	30	30	25	25	23	20	10	15	22	5	7	21
2	32	33	26	27	24	22	12	16	23	6	8	22
3	34	36	27	26	22	21	11	17	24	7	9	23

14. 用三十烷醇对油菜进行喷雾试验，采用两种浓度处理，并以喷清水作对照，从3—9月每月喷2次，并从4—7月分6次对油菜进行叶绿素含量(mg/g鲜重)测定，结果如下。试测验不同日期油菜叶绿素含量有无显著差异，不同浓度三十烷醇对叶绿素含量是否有显著影响。($\alpha=0.05$)

	4/29	5/29	6/16	6/25	7/12	7/30
0.1 ppm	0.38	0.55	0.60	0.92	0.77	1.10
1.0 ppm	0.54	0.56	0.76	0.99	0.76	0.91
清水	0.39	0.52	0.63	0.80	0.78	0.98

15. 在温室内以4种培养液培养某种作物，每种培养液培养3盆，每盆4钵，一个月后测定其株高生长量(mm)，得如下资料。试问：不同培养液之间及盆之间对其株高生长量是否有显著影响？

培养液	A_1			A_2			A_3			A_4		
盆号	B_1	B_2	B_3	B_1	B_2	B_3	B_1	B_2	B_3	B_1	B_2	B_3
株高	50	35	45	50	55	55	85	65	70	60	60	65
	55	35	40	45	60	45	60	70	70	55	85	65
	40	30	40	50	50	65	90	80	70	35	45	85
	35	40	50	45	50	55	85	65	70	70	75	75

16. 某市调查因有毒气体污染导致的某种疾病患者百分数，调查地区划分为绿化较差的工厂区(A_1)，绿化中等的闹市区(A_2)，绿化较好的文化区(A_3)三类。调查对象划分为儿童(B_1)、成年人(B_2)。每种组合随机抽取100人调查，调查结果如下。问：绿化程度不同的三个地区患病率差异是否显著？

地区	对象		
	A_1	A_2	A_3
B_1	18	13	10
B_2	16	12	9

17. 从 3 块稻田排出的水中，各取 3 个水样，每种水样分析含盐量两次，得结果如下。测试：(1)同一稻田不同水样的含盐量有何差别？(2)不同稻田的含盐量有无差异？

稻田	1			2			3		
水样	1	2	3	1	2	3	1	2	3
含盐量	1.1	1.3	1.2	1.3	1.3	1.4	1.8	2.1	2.2
(mg/L)	1.2	1.1	1.0	1.4	1.5	1.2	2.0	2.0	1.8

18. 探索棉花品种、密度、纯氮用量对皮棉产量影响的正交试验，采用 $L_9(3^4)$ 正交表，两次重复，试验结果如下。试作方差分析(或极差分析)。

处理号	1 品种(A)	2 密度(B)	3 氮肥(C)	4	皮棉产量		合计
					1	2	
1	1	1	1	1	188	186	374
2	1	2	2	2	161	165	326
3	1	3	3	3	188	185	373
4	2	1	2	3	151	150	301
5	2	2	3	1	169	175	344
6	2	3	1	2	168	170	338
7	3	1	3	2	160	162	322
8	3	2	1	3	167	168	335
9	3	3	2	1	152	154	306

19. 探索微生物农药对某些害虫的防治效果及合理配方，因素及水平如下表：

水平＼因素	杀螟杆菌(A)(kg/标准地)	白僵菌(B)(kg/标准地)	石灰(C)(kg/标准地)	某种农药(mL/标准地)
1	1.5	1.0	1	100
2	2.0	1.5	2	75
3	2.5	0.5	3	50
4	3.0	0	0	0

选用正交表 $L_{16}(4^5)$ 安排试验，每块标准地划分成 10 个小区，以后每隔 24 小时检查一次死虫情况，最后以平均死虫率作指标，结果如下，试作统计分析。

试验号＼列号	1	2	3	4	5	$P=72$ 小时死虫率(%)	$X=\sin^{-1}\sqrt{p}$
	A	B	C	D	空白		
1	1(1.5)	1(1.0)	1(100)	1	1	80	63.4
2	1	2(1.5)	2(75)	2	2	80	63.4
3	1	3(0.5)	3(50)	3	3	76	60.7
4	1	4(0)	4(0)	4	4	68	55.6
5	2(2.0)	1	2	3	4	82	64.9
6	2	2	1	4	3	80	63.4
7	2	3	4	1	2	72	58.1
8	2	4	3	2	1	78	62.0
9	3(2.5)	1	3	4	2	80	63.4
10	3	2	4	3	1	74	59.3
11	3	3	1	2	4	88	69.7
12	3	4	2	1	3	88	69.7

（续表）

列号 / 试验号	1	2	3	4	5	P=72 小时死虫率（%）	$X=\sin^{-1}\sqrt{p}$
	A	B	C	D	空白		
13	4(3.0)	1	4	2	3	78	62.0
14	4	2	3	1	4	82	64.9
15	4	3	2	4	1	82	64.9
16	4	4	1	3	2	83	69.7

20. 今研究 A、B、C、D 4 种水生蔬菜对砷污染的抗性，每种蔬菜种 3 盆，每盆 5 株，生长期间施用一次有机砷农药，在收获时对每一植株的砷含量作一次分析，得下列结果。试分析 4 种供试蔬菜对砷污染抗性的差异显著性。

蔬菜品种	盆号	砷含量（mg/10 公斤）				
A	1	0.7	0.6	0.9	0.5	0.6
	2	0.9	0.9	0.7	1.1	0.7
	3	0.8	0.6	0.9	1.0	0.8
B	41	1.2	1.4	1.6	1.2	1.5
	5	1.1	0.9	1.3	1.2	1.0
	6	1.5	1.4	0.9	1.3	1.6
C	7	0.6	0.6	0.8	0.9	0.7
	8	0.5	0.8	0.9	1.0	0.6
	9	0.6	1.2	0.8	0.9	1.0
D	10	4.2	3.7	2.9	3.5	3.6
	11	2.9	3.5	3.8	3.1	3.5
	12	3.6	3.5	4.0	3.3	3.7

21. 大麦不同 NP 组合多点试验，6 个处理，3 次重复，随机区组设计，小区面积 0.05 亩，同时在 8 个地点进行，小区产量（mg/kg）结果如下，试作分析。

试验地点	重复	处理代号及 N－P_2O_5用量度(kg/亩)					
		1(6－0)	2(10－0)	3(6－1.5)	4(6－4.5)	5(10－3)	6(10－4.5)
1	1	13.45	13.7	15.75	15.1	16.5	15.5
	2	15.0	14.15	16.0	15.3	16.4	15.3
	3	15.2	15.0	16.5	15.9	16.35	16.4
2	1	7.55	10.2	12.8	15.4	16.65	15.25
	2	7.4	10.9	15.2	14.3	16.65	15.1
	3	8.1	10.4	14.7	13.95	15.45	14.9
3	1	6.9	5.35	7.25	9.9	8.9	10.1
	2	6.65	7.15	9.3	10.05	10.1	10.45
	3	5.1	4.9	9.65	11.15	8.65	10.95
4	1	8.35	8.85	10.3	19.0	16.05	14.8
	2	6.9	8.15	12.9	18.2	16.45	15.0
	3	7.15	8.15	10.55	17.55	15.85	15.6
5	1	8.55	11.35	10.85	14.6	12.3	11.85
	2	7.5	9.0	9.0	12.5	13.1	12.7
	3	6.05	11.5	10.5	10.0	12.5	11.5
6	1	12.35	11.0	11.7	12.15	13.5	12.35
	2	10.35	11.9	12.15	11.7	12.4	12.4
	3	9.8	11.95	12.35	12.15	11.95	12.35
7	1	12.5	12.5	13.0	12.0	11.5	11.25
	2	12.15	12.0	13.5	12.0	10.5	12.0
	3	12.25	12.5	10.75	12.5	13.5	12.5
8	1	7.3	5.5	7.95	13.6	12.65	12.3
	2	5.6	5.45	9.85	11.4	12.35	11.05
	3	6.75	6.95	9.05	11.9	12.65	11.95

22. 某地进行肥料多点试验，4 个处理，3 次重复，随机区组设计，试验同时在 5 地进行，其小区产量(kg)结果如下。试分析各肥料品种肥效的差异显著性和在各地的适应性。

试验地点	重复	肥料品种代号			
		A	B	C	D
1	1	10	17	10	23
	2	13	21	10	22
	3	12	31	11	22
2	1	7	10	12	23
	2	6	19	10	26
	3	17	10	11	14
3	1	3	5	17	10
	2	4	6	18	13
	3	4	4	16	16
4	1	10	11	13	13
	2	9	6	10	11
	3	5	4	15	15
5	1	11	15	18	17
	2	10	12	16	12
	3	7	17	19	18

23. 对稻谷和土壤中砷含量(mg/kg)进行检测,以明确施用稻脚青对稻谷和土壤的污染动态,试验分种子、收获稻谷、土壤三种水平,并设4个区组,测得数据如下,试作方差分析。

处理	1	2	3	4
种子	0.21	0.35	0.26	0.34
收获稻谷	0.52	0.42	0.53	0.48
土壤	5.41	8.47	5.82	6.35

24. 对不同类型的农田土壤含汞量(mg/kg)测定结果如下,试问:不同类型土壤含汞量的差别是否显著?(提示:先检验方差是否齐性,若不齐性,应作交换)

样品号	1	2	3	4	5	6	7	8
对照	0.074	0.070	0.060	0.066	0.034	0.026	0.043	0.054
一般农田	0.185	0.110	0.293	0.275	0.260	0.230	0.135	0.169
污水灌溉田	0.904	0.810	0.730	0.350	0.645	0.235	0.470	0.750

25. 假设有 6 个容量各为 5 的样本，其方差各为 33.64、14.27、16.94、1.28、2.56 和 2.04，试检验方差的同质性。

第五章　线性回归分析

1. 今用一新法测定了 10 种土壤的有效磷含量(mg/kg)，并同时用这 10 种土作施磷肥对水稻秧苗影响的盆栽试验，结果见下表。试问磷肥有无施用价值？

土号		1	2	3	4	5	6	7	8	9	10
有效磷含量(mg/kg)		0.8	1.5	1.9	4.0	4.4	5.6	5.7	7.5	7.5	12.5
水稻对磷肥的反应(干物重克/盆)	不施	0.77	0.80	1.15	0.96	1.67	1.54	1.83	1.69	1.81	1.80
	施磷	2.02	1.84	1.87	1.86	2.07	2.15	2.08	1.91	1.98	1.98

2. 不同水稻品种的蛋白质和赖氨酸含量(mg/kg)如下，试作相关分析。

蛋白质	8.77	8.69	8.36	10.05	9.80	8.40	8.09	8.70	10.25	9.00
赖氨酸	0.288	0.280	0.327	0.261	0.275	0.327	0.300	0.295	0.255	0.265

3. 某克山病区 10 名健康儿童头发与血液中的硒含量(mg/kg)测定结果如下，试作相关分析。若发硒与血硒含量之间存在直线关系，拟作由发硒推算血硒(y)的回归分析。

发硒(x)	74	66	88	69	91	73	66	96	58	73
血硒(y)	13	10	13	11	16	9	7	14	5	10

4. 某地调查了 8 类不同产量水平的稻田，其产量分级及测量的各类田土壤几种理化性状如下表。试作多元回归分析，求偏相关系数，指出哪个性状对产量影响最大。

水稻产量分级（公斤/亩）	175	225	275	325	375	425	475	550
土壤有机质含量(%)	1.4	1.6	1.5	1.9	2.1	2.6	3.1	3.7
土壤酸碱度(pH)	6.8	6.7	5.5	7.4	5.8	6.5	7.0	6.0
土壤黏粒含量(%)	21	46	28	25	26	14	42	34

5. 对 8 块油茶林进行实测，记单位面积株数为 x_1(株/亩)，每株果实数为 x_2(千克)，单位面积产油量为 y(千克/亩)，并将实测结果列于下表，试作回归分析。

x_1	10	12	9	12	11	9	10	10
x_2	6	6	7	6.5	6.5	7	6.5	7
y	1.90	2.20	1.90	2.15	2.20	1.85	1.80	2.00

6. 测定某植物结实率与土壤中氮、磷、硅和硫的含量(mg/kg)的数据如下，试配置最优线性回归方程。

N	P	Si	S	结实率
x_1(mg/kg)	x_2(mg/kg)	x_3(mg/kg)	x_4(mg/kg)	y(mg/kg)
1.39	0.10	2.50	0.28	63.70
1.39	0.10	1.97	0.28	69.50
1.73	0.11	1.48	0.30	70.90
0.92	0.28	2.50	0.15	88.20
1.12	0.30	2.29	0.11	80.90
1.68	0.33	2.04	0.22	75.80
1.32	0.35	3.49	0.21	90.10
1.58	0.39	3.74	0.24	81.90
1.66	0.40	4.13	0.14	73.30
1.44	0.28	2.72	0.23	78.40

7. 下表列出了某地区植物覆盖率 y(%)与年降雨量 x_1(mm),平均气温 x_2(℃),有机质含量 x_3(g/kg),平均风速 x_4(m/s),共 10 个地段的观察数据。试适当选择 F 临界值进行因子筛选,并进行结果分析。

x_1	x_2	x_3	x_4	y
213.2	4.4	1.49	5.1	0.01
216.0	3.9	2.18	5.3	0.02
260.0	3.0	2.31	4.5	0.06
219.9	2.3	2.48	5.1	3.70
277.7	3.1	1.49	5.0	4.40
280.0	2.5	2.73	5.0	6.90
284.7	3.0	1.15	4.8	5.50
264.8	2.5	1.58	4.4	10.0
300.0	1.7	2.70	4.8	4.80
313.1	1.7	1.85	4.3	3.00

8. 为了研究生境条件与树高的关系,调查取得了以下 15 个样本数据。(1)试求样本数量化回归方程;(2)计算复相关系数。

地形位置 x_1 3	1	2	2	3	3	3	2	3	3	2	1	2	2	2
成土型 x_2 3	1	2	2	2	3	3	2	3	2	2	2	3	3	3
土壤型 x_3 4	2	2	2	2	2	2	1	2	1	2	1	2	2	2
石砾型 x_4 4	4	4	2	1	2	1	2	1	2	2	3	2	1	2
树高 y(m)	7.95	8.81	8.74	7.41	6.12	8.23	6.77	8.10	8.12	4.20	6.92	4.32	3.85	4.84

9. 为考察土壤含汞量、空气含汞量和小麦叶片含汞量之间的关系,在各样点同时测定小麦叶片、空气、土壤含汞量(mg/kg)如下。试建立它们的回归方程。(以小麦叶片含汞量为依变量 y)

x_1土壤含汞量(mg/kg)	0.045	0.043	0.042	0.055	0.057	0.061	0.065	0.094	0.211
x_2空气含汞量(mg/kg)	0.200	0.145	0.443	0.696	1.394	0.219	0.497	0.761	4.550
y小麦叶片含汞量(mg/kg)	0.181	0.142	0.441	0.808	3.665	0.465	1.694	1.475	7.905

第六章　非线性回归分析

1. 研究红萍在适温条件下的繁殖速度，结果如下表。试用回归方程表达红萍生长量与时间的关系。

繁殖天数	0	5	10	15	20	25	30	35
生长量(g)	5	11	20	38	80	150	330	650

2. 某地植物覆盖度 x 与对应的土壤含盐百分率 y 的五个样点资料如下，试作回归分析。

x(覆盖度)	5	8	25	30	50
y(土壤含盐率)	3.5%	2.0%	0.7%	0.6%	0.5%

3. 为了研究土壤水稳性团粒与筛动时间的关系，经过试验取得下列数据。试求样本回归方程，并计算相关系数。

x(过筛时间，分钟)	1	2	4	8	16	32	64
y(团粒重，g)	4.22	4.02	3.85	3.59	3.44	3.02	2.59

4. 农药^{14}C-哒嗪松在晚稻上消失动态如下。试配曲线方程。

施药后间隔天数 x(天)	0	2	6	12	20	30
在稻株残留量 y(mg)	26.2	18.88	7.37	4.43	3.21	0.56

5. 应用曝气法治理雷汞废水中的氰化物，与曝气速度和时间有关。现曝气速度为 300 升/小时，得不同曝气治理时间下的氰化物浓度如下，试作曲线拟合。

曝气时间（小时）	0	0.5	1.0	1.5	2.0	2.5	3.0	3.5	4.0
氰化物浓度（mg/L）	36.25	22.355		10.85	7.015	6.425	3.135	2.075	1.385

6. 应用微量呼吸测定仪测定了六价铬对活性污泥呼吸率的影响，测定数据如下。试作回归分析。

Cr^{6+}浓度（mg/kg）	2.5	5.0	10.0	15	30	45	60	75	105	120
呼吸率（%）	5.95	14.52	20.72	21.72	28.78	32.22	36.50	41.87	46.17	43.57

7. 某地冬小麦氮肥用量试验，产量结果如下。试求其氮肥效应曲线。

氮素用量（公斤/亩）	0	2.5	5.0	7.5	10
产量（公斤/亩）	119.5	156.5	178	188.5	192.5

8. 测定中粳“农垦 46”在平均日照量为 400 卡/（平方厘米·日）条件下的氮素吸收量（x，公斤/亩）和大米产量（y，公斤/亩）的关系，得结果如下表。试应用正交多项式法计算：(1)大米产量依吸氮量的多项式回归方程及离回归标准误差，并作图；(2)大米产量对吸氮量的相关系数。

x（吸氮量）（千克/亩）	2.5	5.0	7.5	10.0	12.5	15	17.5
y（大米产量）（千克/亩）	105	217	309	368	382.5	346	298

9. 测定某菌在不同接种后天数（x_1，日）和不同培养温度（x_2，℃）下的生长速度（y，厘米），得结果于下表。试求：(1)最优二元多项式回归方

程及其离回归标准误差;(2)生长速度为最大的最适培养温度。

x_2(℃)		21.5 ℃	24.5 ℃	27.5 ℃	30.5 ℃
x_1(日)	1	0.3	0.9	1.7	1.2
	2	1.7	3.0	4.8	2.7
	3	2.9	6.6	9.0	5.2
	4	4.0	7.5	9.0	7.4

10. 冬小麦氮磷肥料配合试验资料如下。试配置二元肥料效应函数方程。

单位:公斤/亩

	N0	N5	N10	
P_2O_5	0	100.0	141.2	141.2
	2.5	106.6	177.8	165.2
	5	102.4	161.2	167.8

第七章 协方差分析

1. 某茶场试验 4 种肥料对产茶量的效果，采用随机区组设计，5 个区组（B_1、B_2、B_3、B_4、B_5），每个区组按原来分段成 4 个小区（A_1、A_2、A_3、A_4），各小区历年来都有产量记录。现统计了近三年的平均产量作为协变量，以 x 代表之，施肥处理后经一个生长季节测得各小区产量，以 y 代表之，结果列于下表。试作协方差分析。

区组／小区	B_1		B_2		B_3		B_4		B_5	
	x	y	x	y	x	y	x	y	x	y
A_1	41	42	40	41	43	45	38	40	40	42
A_2	45	52	39	47	37	45	42	49	41	49
A_3	38	50	41	54	40	53	39	52	37	50
A_4	42	51	45	56	41	50	43	52	44	54

2. 为了使小麦株高变矮，增强抗倒伏力，喷洒了 3 种不同的药物，实验得到以下结果，x 为喷药前的株高（cm），y 为喷药后的株高（cm），试作协方差分析。

A_1	x(cm)	29	31	33	33	37	40	x=33.33
	y(cm)	112	106	115	117	120	117	y=114.50
A_2	x(cm)	40	41	43	46	48	49	x=44.50
	y(cm)	112	106	110	117	121	114	y=113.33
A_3	x(cm)	33	34	37	37	41	42	x=37.33
	y(cm)	107	112	117	109	120	116	y=113.50

3. 为研究 A、B、C 三种肥料对于苹果的增产效果，选了 24 株同龄苹果树，第一年记下各树的产量（x，kg），第二年将每种肥料随机施于 8

株苹果树上，再记下其产量（y，kg），得结果如下。试做协方差分析。

肥料		产量							
A	x(kg)	47	58	53	46	49	56	54	44
	y(kg)	54	66	63	51	56	66	61	50
B	x(kg)	52	53	64	58	59	61	63	66
	y(kg)	54	53	67	62	62	63	64	69
C	x(kg)	44	48	46	50	59	57	58	53
	y(kg)	52	58	54	61	70	64	69	66